BEI GRIN MACHT SICH IHR
WISSEN BEZAHLT

Bibliografische Information der Deutschen Nationalbibliothek:

Die Deutsche Bibliothek verzeichnet diese Publikation in der Deutschen National-
bibliografie; detaillierte bibliografische Daten sind im Internet über http://dnb.d-
nb.de/ abrufbar.

Impressum:

Copyright © 2015 GRIN Verlag, Open Publishing GmbH
Druck und Bindung: Books on Demand GmbH, Norderstedt Germany
ISBN: 9783668210127

Dieses Buch bei GRIN:

http://www.grin.com/de/e-book/321613/die-spiegelung-in-der-mathematik-und-
physik-eine-unterscheidung

Emine Kocer

Die Spiegelung in der Mathematik und Physik. Eine Unterscheidung

GRIN Verlag

Vorgelegt von: Emine Kocer

                     Kombi BA Lehramt Mathematik und Physik für HRGe

Inhaltsverzeichnis

1 Einleitung

In der folgenden Arbeit, werde ich Bezug auf die Mathematik und Physik nehmen und mich hierbei auf die Spiegelung in beiden Gebieten konzentrieren.

Die Mathematik gehört zur Geisteswissenschaft und besteht im Allgemeinen darin, Aussagen logisch zu beweisen und geometrische Figuren zu untersuchen. Im Allgemeinen kennt man die Mathematik, als die Rechnung mit Zahlen, denn in der Schule wird den Schülerinnen und Schülern nur das rechnerische und sachliche der Mathematik nahegelegt und nicht das detaillierte und komplexe.

Die Physik hingegen gehört zur Naturwissenschaft und untersucht experimentell, bestimmte Phänomene und ihre Zusammenhänge in der Natur. Diese Phänomene werden erforscht, um sie zu verstehen und mit Experimenten und Modellen darstellen zu können. Die Phänomene werden in Kategorien wie Materie, System, Energie und Wechselwirkung eingeordnet. Die Physik liefert auch eine Basis für das Verstehen und Beurteilen technischer Systeme und Entwicklungen. Gesetzmäßigkeiten in der Natur, werden erkannt und in die Technik überführt, sodass die Menschheit davon profitieren kann.

Diese Unterschiede, möchte ich mit einem Thema, das in beiden Wissenschaften bekannt ist, genauer vorstellen. Diesen Gedankengang halte ich mit den folgenden Fragen fest:

Worin genau unterscheidet sich die Spiegelung in der Mathematik und in der Physik? Wie kommt es dazu, dass man ein bestimmtes Thema, hier: Spiegelung, so unterschiedlich betrachten kann?

2 Hauptteil

Um den Unterschied der verschiedenen Darstellungen der Spiegelung in der Mathematik und Physik zu verdeutlichen, betrachte ich den Begriff Spiegelung und ihre Funktion in der Mathematik und Physik jeweils für sich. Zunächst wende ich mich dem Begriff Spiegelung zu und erkläre dieses im Allgemeinen. Anschließend nehme ich Bezug auf die beiden Wissenschaften. Diese werden am Ende verglichen, sodass Unterschiede und Gemeinsamkeiten hervorgehoben werden. Die Notwendigkeit der unterschiedlichen Betrachtungen des Spiegelungsbegriffs wird somit deutlich.

2.1 Spiegelung

Als Spiegelung bezeichnet man im alltäglichen Wortgebrauch, das Erzeugnis eines Spiegels oder einer anderen reflektierenden Fläche (Bsp.: Fenster, Pfütze etc.). Bei der Betrachtung eines Spiegels, sieht man das Spiegelbild von sich selbst auf der Spiegelfläche, allerdings scheint beim Spiegelbild rechts und links, sowie vorne und hinten, vertauscht zu sein. Diese weit verbreitete Auffassung ist nicht ganz richtig. Im Alltäglichen mag diese Auffassung eventuell stimmen, jedoch entspricht dies, sinngemäß nicht der vollen Wahrheit. Der Spiegel vertauscht nicht links und rechts, sowie unten und oben. Genauere Aufklärung folgt in Kapitel 2.3.1

Das Spiegelbild ist symmetrisch zum Objekt, welches vor dem Spiegel steht. Das heißt, das Spiegelbild kann durch Umwandlungen auf sich selbst abgebildet werden. Der gesehene Abstand des Spiegelbildes vom gespiegeltem Objekt ist das doppelte, wie der Abstand des Objektes zum Spiegel. Der Abstand des Objektes zum Spiegel ist also gleich dem Abstand des Spiegelbildes zur Spiegelfläche.

Es gibt Plan-, Konvex- und Konkavspiegel. Planspiegel haben eine ebene Oberfläche, ein Beispiel dafür ist uns aus dem Alltag bekannt, wie Garderobenspiegel. Konvexspiegel vergrößern die Blickwinkel und werden daher im Verkehr verwendet, sodass man in unübersehbaren Kurven eine bessere Sicht hat. Kosmetikspiegel sind meistens konkave Spiegel. Damit wird das Spiegelbild vergrößert, um Einzelheiten besser erkennen zu können. Zu der detaillierten Auseinandersetzung mit diesen drei Spiegelarten werde ich mich später näher befassen.

2.2 Spiegelung in der Mathematik

Die Spiegelung in der Mathematik hat, im Vergleich zur Spiegelung in der Physik, wenig mit dem Spiegel an sich zu tun, lässt sich jedoch durch die Geometrie beschreiben. Die Geometrie ist ein Teilgebiet der Mathematik und beschäftigt sich mit Koordinaten und Figuren, die durch Punkte, Geraden und Ebenen erzeugt werden. Durch diese Darstellungsformen ist es möglich, verschiedene Arten der Spiegelung in der Mathematik darzustellen. Die Aufführung, der Spiegelung in der Mathematik ist stets für einen dritten Beobachter veranschaulicht, das heißt der Beobachter sieht die „Fixfigur" und die dazu symmetrische Figur. Der Beobachter ist also nicht selbst das gespiegelte Objekt. Das Wort Spiegelung wird in der Mathematik eher mit dem Wort Symmetrie aufgefasst. Symmetrische Objekte lassen sich durch Verschiebungen und Bewegungen auf sich selbst abbilden. Ein gleichseitiges Dreieck beispielsweise ist symmetrisch, denn durch das Halbieren des Dreieckes durch eine Höheerhält man zwei identische Figuren. Die bekannten Symmetrien, wie Achsensymmetrie, Punktsymmetrie, und Ebenen Symmetrie, werde ich im Folgenden näher erläutern. Dazu stelle ich die Lagebeziehungen (Parallelität, Entfernung, Lot etc.) von Abbildungen zueinander zunächst dar, um diese im Raum bildlich darstellen zu können und dadurch die Symmetrie Eigenschaften zu verdeutlichen.

2.2.1 Lagebeziehungen

Spiegelungen sind Abbildungen in der Geometrie, die durch das Koordinatensystem oder durch den euklidischen Raum beschrieben werden können. Die Lage von Objekten können im Koordinatensystem genauer beschrieben werden, sodass die Beziehungen zwischen Objekten im euklidischen Raum eindeutig veranschaulicht werden können. Mehrere Punkte im Raum haben ohne Zusammenhänge keine wirkliche Bedeutung. „ Die besonderen Beziehungen, in denen die Punkte einer Figur zueinander stehen, machen die geometrische Eigenschaften der Figur aus; geometrische Eigenschaften sind letztlich nichts anderes als Lagebeziehungen zwischen Punkten."[1] .

---

[1] Schmid, Weber (2005): Verständnis lehren. Handbuch Mathematik der gymnasialen Oberstufe. 1.Aufl. Stuttgart. S.162

Spiegelbilder kann man mithilfe der Lagebeziehungen beschreiben, indem man die Symmetrie der geometrischen Figur und ihres Bildes überprüft. „Eine Figur wird als symmetrisch bezeichnet, wenn sie durch eine Spiegelung an einer Spiegelachse, eine Drehung um einen Punkt oder eine Verschiebung mit sich zur Deckung kommt."[2]. Diese Abbildungen werden auch als Kongruenzabbildungen bezeichnet, da sich die Form der Figuren nicht ändert, sondern lediglich der Ort der Punkte im Koordinatensystem in einer bestimmten Lagebeziehung zueinander. Das heißt, wenn wir ein Dreieck ΔABC haben und dieses an einer Achse spiegeln, erhalten wir ein gespiegeltes Dreieck ΔA'B'C', welches dieselben Seitenlängen und Winkel hat, wie das Dreieck ΔABC. Die jeweiligen Verbindungslinien der Ecken des Dreiecks, also AA', BB' und CC' sind parallel zueinander. Man kann die Spiegelbilder auch als Bewegungen der geometrischen Figuren betrachten, da sie identisch miteinander sind, allerdings nur verdreht und verschoben. „ Jede Verkettung von Achsen-Spiegelungen, heißt Kongruenzabbildung"[3]. Diese Figuren nennt man zueinander kongruent, da das Objekt und dessen Spiegelbild aufeinander abgebildet werden können, sodass für das oben genannte Beispiel, mit den Dreiecken gilt: ΔABC ≡ ΔA'B'C'. Kongruenzabbildungen sind dadurch bestimmt, dass eine Verkettung, das Spiegelbild der Abbildung ergibt und n-Verkettungen (n=Anzahl der Verkettungen) der Spiegelung wieder die Ausgangsabbildung darstellen kann. Daher nennt man nach Botsch Spiegelungen auch involutorische Abbildungen, da das Bild eines Bildpunktes wieder das ursprüngliche Bild ist.

2.2.2 Ebenenspiegelung

Die Spiegelung, dargestellt in der Raumgeometrie, nennt man Ebenenspiegelung. Durch Spiegelung an einer Ebene, werden Figuren beziehungsweise Körper, 3-Dimensional nachgebildet. Die Mittelsenkrechte ist eine Ebene Fläche, die wie eine Wand, die Figur von dessen Spiegelbild in der Mitte trennt. Dabei unterscheidet man zwischen Punktspiegelung, Achsenspiegelung und Drehspiegelung.

---

[2] Franke, Marianne (2007): Didaktik der Geometrie in der Grundschule. 2.Aufl. München: Spektrum. S.223
[3] Botsch, Otto (1978): Ebene Geometrie. 1. Aufl. Wiesbaden: Verlag Moritz Diesterweg. S.26

Bei einer Ebenenspiegelung, fällt man, wie bei der Achsenspiegelung, jeweils von den Eckpunkten des Körpers, den Lot auf die Ebene. Anschließend einen Kreis um den

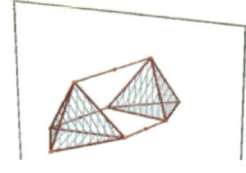

Abbildung 1: Achsenspiegelung an einer Ebene

Schnittpunkt S des Lots mit der Ebene. Der zweite Schnittpunkt ist der, des Kreises um S mit dem Radius SE (E für Eckpunkt) mit der Lotgeraden. Der einzige Unterschied der Achsensymmetrie besteht darin, dass die Bilder keine Flächen sind, sondern Körper mit Hohlraum, wie in Abbildung 1 zu sehen ist. In dieser Abbildung ist ein Prisma zu sehen, welchen an einer Ebene gespiegelt wird. Durch diese Spiegelung dreht sich auch hier der Umkehrsinn, wodurch die im Vordergrund gesehene Ecke des Prismas, in der Spiegelung nach hinten verschoben wird. Der Umkehrsinn, gilt bei der Ebenenspiegelung für alle Seitenflächen der gespiegelten Körper. Das heißt, konkret im unseren Beispiel, dass sich alle 4 Dreiecksflächen des Prismas umkehren.

Abbildung 2: Punktspiegelung im Raum

Bei einer Punktspiegelung fokussiert man sich auf einen Punkt und konstruiert das Spiegelbild mit Hilfe dieses Punktes. Der Fixpunkt jedoch, ist auf der vorgegebenen Ebene zu bestimmen. In der nebenstehenden Abbildung ist die Punktspiegelung im Raum optisch dargestellt. In der Abbildung ist deutlich, dass durch die Punkspiegelung im Raum der Körper auf den Kopf gestellt wird. Dies kommt durch die doppelte Spiegelung zustande, wodurch auch hier der Umkehrsinn erhalten bleibt.

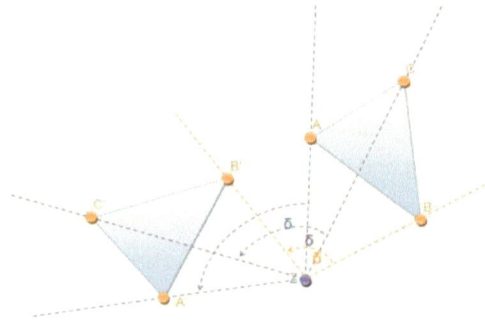

Abbildung 3: Drehspiegelung im Raum,
http://www.mathematik-wissen.de/drehung.htm

Die Drehspiegelung unterscheidet sich von den anderen beiden darin, dass sich die Spiegelung nicht hauptsächlich durch Punkten und Geraden konstruieren lässt, sondern, wie der Name schon sagt, durch hintereinander Ausführungen von einer Drehung in einem bestimmten Winkel. Zur Konstruktion braucht man auch hier einen Fixpunkt. Die Eckpunkte einer beliebigen Figur werden mit diesem Fixpunkt verbunden. Von jedem dieser Punkte zeichnet man den Winkel α in Linksrichtung und verdeutlicht diesen mit Hilfslinien. Der Abstand von den Eckpunkten der Figur zum Fixpunkt, wird einzeln bestimmt und auf den passenden Hilfslinien der Winkel abgetragen. Zum Schluss verbindet man die abgetragenen Punkte und erhält das, um den Winkel α gedrehten, Spiegelbildes.

Die Ebenenspiegelung demonstriert, insbesondere die Spiegelungen von Körpern im Raum. In den nächsten Kapiteln wird die Spiegelung im 2-dimensionalem Raum mit der Achsen- und Punktspiegelung näher beschrieben.

2.2.3 Achsenspiegelung

Die Achsenspiegelung ist einer der bekannten Symmetrien. Eine Figur hinsichtlich seiner Achsenspiegelung heißt symmetrisch. „Die Achsenspiegelung ist eine gegenseitige Abbildung, d.h. sie kehrt den Richtungssinn von Fixgeraden (außer der Achse) und von Winkeln, sowie den Umlaufssinn von Dreiecken um."[4] Die Achsenspieglung ist deckungsgleich und somit hat die gespiegelte Figur dieselbe Länge und denselben Winkel, wie die Fixfigur. Nach W. Schwarz und H. Scheid lässt sich die Achsenspiegelung durch folgende Bedingungen festlegen:

1) Jeder Punkt der Achse a ist Fixpunkt, für P ∈ a ist also P' = P.
2) Für P ∉ a ist a die Mittelsenkrechte der trecke PP'. [5]

Einer der bekannten Achsensymmetrien in der Mathematik ist die Cosinuskurve. Die y-Achse soll in der unteren Abbildung die Symmetrieachse darstellen. Nehmen wir an, dass die negative X-Achse für die eigentliche Figur steht, somit lässt sich Schlussfolgern, dass die positive X-Achse das Spiegelbild dieser Figur ist. Die senkrechte Spiegelung an dieser Achse führt dazu, dass die Sinuskurve an der Symmetrieachse auf sich selbst abgebildet wird. Die Länge der beiden Figuren ist somit gleich lang. Das heißt, wenn die Figur auf der negativen Seite unendlich lang ist, so ist auch ihr Spiegelbild unendlich lang. Die Tangenten und Amplituden stehen in

---

[4] Botsch, Otto (1978): Ebene Geometrie. 1. Aufl. Wiesbaden: Verlag Moritz Diesterweg. S.42

•   [5] Scheid, Harald / Schwarz, Wolfgang (2009): Elemente der Geometrie. 4. Aufl. Heidelberg: Spektrum. S. 109

beiden Hälften der Abbildungen im selben Verhältnis zueinander. Die Spiegelung ist eine Kongruenzabbildung, wodurch alle Figuren durch Spiegelung an der Achse in kongruente Abbildungen abgebildet werden. Wenn wir ein Dreieck an einer Achse spiegeln, so ergibt sich daraus, dass die Winkel an bestimmten Ecken des Dreiecks jeweils gleich groß sind und die Seiten jeweils gleich lang sind.

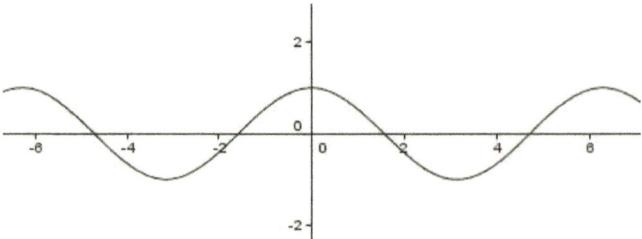

Abbildung 4: Cosinuskurve, erstellt mit GeoGebra

Wie auch in Abbildung 4 ersichtlich, halbiert die Achse die eigentliche Figur von der Bildfigur. Man kann dies auch selbst beobachten, indem man auf einem Blatt Papier die eine Hälfte der Cosinuskurve aufzeichnet und das Blatt neben einen Spiegel legt. Zu betrachten ist dann, dass die Kurve in der Spiegelebene fortgeführt wird, aber nur soweit, wie auch die eigene Zeichnung ist. Daher bildet die Achse die Mittelsenkrechte der beiden Figuren. Durch die Symmetrie der Spiegelungen, kann man sagen, dass die Abbildung bijektiv ist. Das heißt, jedem Punkt auf der eigentlichen Figur, kann auch genau ein Punkt auf der Bildfigur zugeordnet werden. Die Bildfiguren sind zu den echten Figuren gegensinnig, da die Achsenspiegelung den Richtungs- und Umlaufssinn der Figur umkehrt.

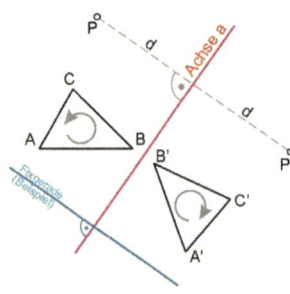

Abbildung 5 Achsensymmetrie,
https://de.wikipedia.org/wiki/Spiegelung_(
Geometrie)

In Abbildung 5 ist die Umkehrung des Umlaufsinns nochmal deutlich dargestellt. Bei dem eigentlichen Dreieck ABC, ist die Dreiecksecke B rechts von A und C entsprechend rechts von B. Das Dreieck ist somit linksdrehend und der Umlaufsinn verläuft gegen den Uhrzeigersinn. Wenn man nun das Spiegelbild des Dreiecks ABC konstruiert, so erhält man das Dreieck A'B'C'. Es gilt ABC ≡ A'B'C', sodass die beiden Dreiecke deckungsgleich zueinander sind. Nun ist der Bildpunkt B' von B nicht rechts, sondern links von A' und C' links von B'. Daher verläuft bei dem Spiegelbild der Umlaufsinn im

Uhrzeigersinn und ist somit rechtsdrehend. Auch zu sehen in der Abb. 2, dass die jeweiligen Spiegelpunkte denselben Abstand zur Spiegelachse haben und die Verbindungsstrecken, also AA', BB' und CC' alle senkrecht zur Achse und somit auch parallel zueinander. Das Dreieck AB'C' ist eine involutorische Abbildung und durch eine erneute Spiegelung dieser Abbildung, würde man wieder das ursprüngliche Dreieck ABC konstruieren.

Konstruktion

Zur Konstruktion einer Achsenspiegelung, sei ein Punkt P und eine Gerade g, welches die Symmetrieachse ist, gegeben. Der Punkt P soll an der Achse gespiegelt werden. Dazu fällt man den Lot durch den Punkt P auf die Achse g. Um den Schnittpunkt S des Lots mit der Geraden zieht man einen Kreis mit dem Radius PS und erhält somit den Schnittpunt P', der Geraden mit dem Kreis. Dieser Punkt ist der Bildpunkt von P. Beide Punkte haben denselben Abstand zur Symmetrieachse. Da alle Punkte der Strecke PS in Punkten der Strecke P'S abgebildet werden, nennt man diese Spiegelung kollinear. Kollineare Spiegelungen sind geradentreue Abbildungen. Wenn man nun eine Figur hat und die Bildfigur dazu konstruieren will, verwendet man die oben erwähnte Konstruktion auf jeden einzelnen Eckpunkt der Figur und verbindet diese am Ende.

2.2.4 Punktspiegelung

Wie bei der Achsenspiegelung, ist auch die Punktspiegelung längen- und winkeltreu. Als Analoges zu der Cosinuskurve in der Achsensymmetrie, gibt es die Sinuskurve (siehe Abbildung 6), die punktsymmetrisch ist. Diese ist nach doppelter Spiegelung deckungsgleich. Wenn man also nun nur die Sinuskurve an der negativen X-Achse spiegelt und anschließend diese an der Y-Achse erneut spiegelt, so erhält man die identische Darstellung der Sinuskurve auf der positiven X-Achse.

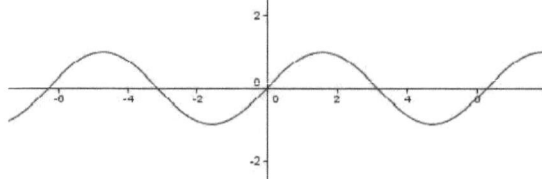

Abbildung 6: Sinuskurve, erstellt mit GeoGebra

Laut O. Botsch wird „eine Zweifach-Spiegelung an orthogonalen Achsen mit dem Schnittpunkt Z (...) Punktspiegelung genannt oder Drehung um den gestreckten

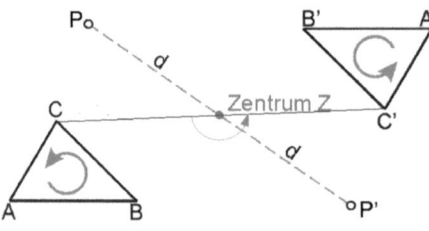

Abbildung 7:Punktspiegelung,
https://de.wikipedia.org/wiki/Spiegelung_(Geometrie)

Winkel der Größe 2R"[6]. Der Schnittpunkt Z ist ein fester Punkt und heißt daher Fixpunkt. Der Fixpunkt muss nicht an einem Punkt auf der Figur liegen, die gespiegelt werden soll. Sie kann auch als Spiegelungspunkt, dem sogenanntem Spiegelzentrum, außerhalb der Figur liegen, wie beispielsweise in Abbildung 6 dargestellt. Der Fixpunkt Z ist jeweils der Mittelpunkt der Verbindungstrecke von dem ursprünglichen Bild und Bildpunkt. Anders als bei der Achsenspiegelung, ist bei der Punktspiegelung aufgrund der doppelten Verschiebung, der Umkehrsinn der beiden Bilder identisch und die Seiten von dem Urbild und dem Spiegelbild sind parallel zueinander. In der Abbildung 7 sind die folgenden Seiten parallel zueinander: AB II A'B', BC II B'C' und AC II A'C'.

Konstruktion

Gegeben sei ein Punkt P und ein Symmetriepunkt S. Um den Bildpunkt P' zu konstruieren, zeichnet man zunächst eine Gerade durch P und Z. Um Z wird nun ein Kreis gezogen mit dem Radius PZ. Der zweite Schnittpunkt des Kreises mit der Geraden, ist der gesuchte Bildpunkt P'. Bei einer Figur verwendet man dasselbe Verfahren an allen Eckpunkten an.

---

[6] Botsch, Otto (1978): Ebene Geometrie. 1. Aufl. Wiesbaden: Verlag Moritz Diesterweg. S.52

2.3 Spiegelung in der Physik

Die Spiegelung in der Physik, wird als Reflexion der Lichtstrahlen aufgefasst, sowie die Symmetrie in der Mathematik, die Spiegelung beschreibt. Die Erscheinungen in beispielsweise Pfützen und Spiegeln, sind Reflexionen der Sonnenstrahlen. Strahlungen können mit Materien wechselwirken. Dabei können sich Strahlung und Materie ändern. Die Materie kann verschiedene Aggregatzustände annehmen, indem es durch die Strahlung, Form und Volumen ändern kann. Eis unter der Sonne kann beispielsweise schmelzen. Die Strahlungen an einem Körper, können auch reflektieren ohne diese dabei zu verformen, wie beispielsweise Spiegel und Fenster. Wir als Beobachter, sehen dann, wenn wir vor einem Spiegel stehen, unser Spiegelbild. Als nächstes werde ich Bezug auf Spiegelbilder und ihre Entstehungen nehmen. Zunächst befasse ich mich mit der Frage, was wir eigentlich im Spiegel sehen und wo sich das gesehene befindet. Anschließend erläutere ich den Zusammenhang zwischen Lichtreflexion und Spiegelbild.

2.3.1 Spiegelbild

Der Spiegel ist wie ein Fenster in den „Spiegelraum", den man nur sehen aber nicht tasten kann. Die Spiegelwelt ist somit nur eine „Sehwelt" und keine „Tastwelt". Ein Objekt, welches vor dem Spiegel steht, ist dem gespiegeltem Objekt sehr ähnlich, aber nicht identisch. Denn, das was der Beobachter im Spiegel sieht, ist die abgewandte Seite des Objektes. Ein Objekt, welches vor dem Spiegel steht, ist im gleichen Abstand zur Fensterebene, wie das gespiegelte Objekt. Laut Spiegelgesetz I, befindet sich das Spiegelbild K' eines Objekts, bezogen auf die Spiegelebene, Lotrecht und gleichabständig gegenüber K im Spiegelraum. Dies folgt aus der Ebenenspiegelung im Raum.

Oft hört man, dass der Spiegel rechts und links vertauscht. Dies ist aber nicht wirklich so. Ausgezeichnet ist die Körpersymmetrie bezüglich vorne und hinten, da der Spiegel diese vertauscht. Mit Anwendung von Spiegelgesetz I auf ein rechtshändiges Koordinatensystem, sieht man, dass sich nur die Richtung orthogonal zur

Spiegelebene dreht, wodurch das rechtshändige, in ein linkshändiges System übergeht. Das heißt, dass sich nur der Drehsinn, oder auch Umlaufsinn genannt, umdreht.

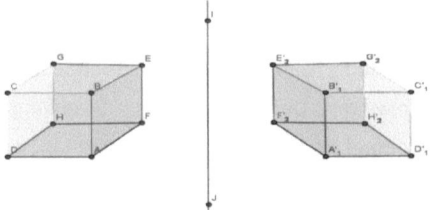

Abbildung 8: Spiegelung eines Würfels mit gefärbten Seiten, erstellt mit GeoGebra

Nehmen wir an, dass die Strecke IJ auf der Abbildung 8 eine Spiegelebene darstellt. Der Quader rechts ist das Spiegelbild vom linken Quader. Die Seitenflächen des Quaders sind unterschiedlich gefärbt, um die Umkehrung durch die Spiegelung deutlich zu sehen. Wenn man nun als Beobachter hinter der gelben Fläche (DHCG) steht, sieht man zunächst selbstverständlich die gelbe Fläche und die lila Fläche (ABEF) kann man im Spiegel betrachten. Für den Betrachter steht also erst die gelbe Fläche im Vordergrund und dahinter steckt die lila gefärbte Fläche. Aber im Spiegel ist dies verkehrt herum. Der selbe Betrachter in der gleichen Position, sieht im Spiegel in erster Reihe die lila gefärbte Fläche (A'B'E'F'), was mit sich bringt, dass die gelbe Fläche (D'H'C'G') im Hintergrund steht. Dies zeigt, dass das Bild im Spiegel nicht in der vertikalen Achse gedreht wird, sondern quasi die vordere Seite nach hinten wendet. Wenn man sich vor einem Spiegel seitlich hinlegt, so dass die rechte Schulter den Boden berührt und die linke Schulter nach oben zeigt, sieht man im Spiegel, dass die rechte Schulter nach oben zeigt und die linke Schulter auf dem Boden ist. Es scheint, dass der Spiegel auch oben und unten vertauscht, welches aber gleicher Maßen ein Spiegelparadox ist. Der Spiegel vertauscht ausschließlich vorne und hinten.

Doch warum meint der Betrachter überhaupt, dass sich rechts und links vertauscht? Wenn man vor dem Spiegel steht und die rechte Hand hebt, so sieht man, dass die Spiegelperson die linke Hand hoch hebt. Wenn vor uns nicht ein Spiegel wäre, sondern tatsächlich eine Person, so wäre es nämlich die linke Hand die diese Person hochhebt. Daher denkt man, dass links und rechts vertauscht werden. Man kann diese Situation auch an einer Türklinke verdeutlichen. Wenn man vor der Tür steht, die Türklinke mit der rechten Hand im Uhrzeigersinn dreht würde einer, der hinter der Tür steht, die

Türklinke mit der linken Hand gegen den Uhrzeigersinn drehen. Daher kann man sich die Drehung des Richtungssinnes besser erklären. Der Unterschied zum Spiegelbild ist hier, dass es sich vor und hinter der Tür jeweils um eine „Tastwelt" handelt und nicht wie beim Spiegel, um eine „Sehwelt". Daher ist es tatsächlich jeweils die rechte und linke Hand. Würde man sich die Tür als Spiegel vorstellen, so würde man zwar dasselbe beobachten, allerdings handelt es sich dann beim Spiegelbild um eine „Sehwelt".

2.3.2 Konstruktion des Spiegelbildes

Die Konstruktion eines Spiegelbildes einer Person X kann man erstellen, indem man mit dem ersten Spiegelgesetz zu der Person X das lotrechte und zur Spiegelebene gleichabständige Spiegelbild gegenüber einzeichnet. Denn der Abstand d von der Person X zum Spiegel, ist gleich dem Abstand d' vom Spiegelbild zur Spiegelbildebene. Daraus folgt also d=d' und wir erhalten damit X'.

Wenn nun eine Konstruktion des Spiegelbildes einer zweiten Person Y erstellt werden soll, die die gespiegelte Person X' betrachtet, aber selbst nicht gegenüber dem Spiegel steht, sodass sich diese Person nicht selbst im Spiegel ansehen kann, markiert man zunächst den Sehweg vom Auge des Betrachters zur Spiegelperson X'. Der Punkt F im Bild 4 zeigt den genauen Ort wo die Person Y die gespiegelte Person X' sieht. Dieser Punkt F liegt auf Strecke AB, welches den Spiegel darstellt. Der Schnittpunkt einer Geraden, durch die Punkte X und F mit der parallelen Gerade zu XX', ist der Punkt, wo Person X die gespiegelte Person Y' betrachten kann. Wir sehen, dass sich beide Personen im selben Punkt beobachten können und die Spiegelbilder symmetrisch zu den Personen X und Y sind.

Laut Spiegelgesetz gilt: XC/CF = C'Y/C'F, analog X'C/CF = C'Y'/C'F

$$CF/XY' = FC'/X'Y$$

$\Rightarrow$ Winkel YFA = Winkel Y'FA,

$\Rightarrow$ analog Winkel XFB = Winkel X'FB

Dies folgt aus der lotrechten Gleichabständigkeit der Objekte und ihrer Spiegelbilder zur Spiegelebene.

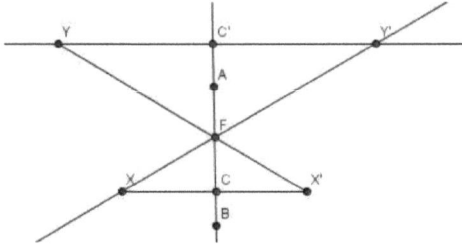

Abbildung 9: Konstruktion des Spiegelbildes, erstellt mit GeoGebra

Das Spiegelgesetz II bezieht sich auf die Frage, was man eigentlich im Spiegel sieht. Durch die Konstruktionsbeschreibung und Abbildung 4 bestätigen wir die Aussage des Spiegelgesetzes II. Das was ein vor dem Spiegel stehender Betrachter sieht, ist gleich dem, was der im Spiegel gesehene Beobachter ohne Spiegel, das heißt im Raum vor dem Spiegel, sähe. Dadurch lässt sich feststellen, dass Person X Person Y' so sieht, wie Person X' Person Y sieht.

Auch interessant ist die Rolle des Abstandes zum Spiegel um sich selbst darin sehen zu können. Es spielt keine Rolle in welchem Abstand man zu dem Spiegel steht, um sich selbst komplett im Spiegel betrachten zu können.

Nach dem Strahlensatz gilt: $\frac{x}{d} = \frac{h}{2d} => \frac{h}{2} = x$ (mit h= Länge der Person, x= Länge

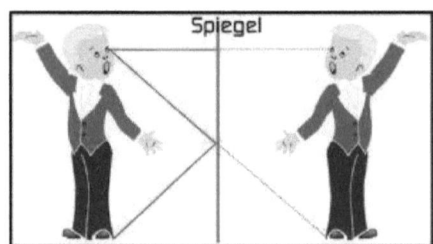

Abbildung 10:Rolle des Abstandes zum Spiegel,
http://physik-am-gymnasium.de/SekI/Optik/Spiegel/ebene_spiegel/Bilder/spiegelbild.jpg

des Spiegels, d= Abstand der Person zum Spiegel). Dadurch lässt sich feststellen, dass der Abstandsweg sich kürzt und somit der Abstand keine Rolle spielt. Um sich im Spiegel ganz sehen zu können muss man doppelt so groß wie der der Spiegel sein.

2.3.3 Reflexion des Lichts

Licht ist ein Bestandteil von elektromagnetischen Wellen. Diese Welle besteht aus gekoppelten elektrischen und magnetischen Feldern. Die Wellenlängen des Lichts beträgt im elektromagnetischen Bereich 380nm bis 780nm. „ Das menschliche Auge nimmt elektromagnetische Strahlung mit Wellenlängen zwischen etwa 400nm und 700nm als Licht wahr."[7], da die spektrale Zusammensetzung des Lichtes vom Auge

---

[7] Tipler, Paul A. u. Mosca, Gene (2009): Physik für Wissenschaftler und Ingenieure. 6.Aufl. Heidelberg. S.1193

als Farbe wahrgenommen wird. Es gibt 6 Grundfarben im Licht mit verschiedenen Wellenlängen. Durch Brechung des Lichtes werden diese für das menschliche Auge auch sichtbar. Die restlichen Farben entstehen durch Kopplung der Lichtspektralen der Grundfarben. In dem vom menschlichen Auge sichtbaren Spektrum hat violettes Licht, die kleinste Wellenlänge mit 380-420nm und rotes Licht die größte Wellenlänge mit 650-750nm. Die Farben blau, grün, gelb und orange liegen dazwischen. Brechzahlen sind für größere Wellenlängen geringer, sodass diese schwächer gebrochen werden, als die mit kleineren Wellenlängen. Das heißt, rotes Licht hat einen größeren Brechungswinkel als ein violettes Licht, da dieser nicht so stark gebrochen wird. Brechungszahlen, auch Brechungsindex genannt, sind optische Materialeigenschaften. Jedes durchsichtige Material hat seinen eigenen Brechungsindex. Die Brechzahl n lässt sich definieren durch das Verhältnis der Lichtgeschwindigkeit im Vakuum zur Lichtgeschwindigkeit c_n im Medium. Die Lichtgeschwindigkeit im Vakuum beträgt $c = 3 \times 10^8$ m/s.

Definition der Brechzahl: $n = c / c_n$

Brechungen und Reflexionen des Lichts entstehen an der Grenzfläche von zwei unterschiedlichen Medien, die dementsprechend unterschiedliche Brechungszahlen haben. Diese Richtungsänderung der Strahlungen, zwischen zwei Medien, ist als Snelliussches Brechungsgesetz bekannt.

Snelliussches Brechungsgesetz: $n_1 \sin(\alpha_1) = n_2 \sin(\alpha_2)$

Dieses Gesetz zeigt, dass das Verhältnis zwischen den Winkeln und den Lichtgeschwindigkeiten gleich ist, da das Snelliussche Gesetz den Ausdruck

$\frac{\sin(\alpha 1)}{\sin(\alpha 2)} = \frac{n2}{n1} = \frac{c}{cn}$ als Folge hat.

Die Abhängigkeit der Brechzahl, der Farbe der Beleuchtung, also der Wellenlägen, wird als Dispersion bezeichnet. In der nebenstehenden Abbildung 11 sieht man, dass

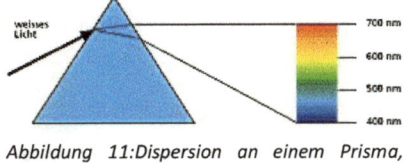 weißes Licht an zwei, zueinander nicht parallelen Flächen gebrochen wird. Das Licht, welches auf die erste Kante des Prismas trifft, wird von diesem zum Einfallslot hin gebrochen, da die Luft mit n=

Abbildung 11:Dispersion an einem Prisma,
http://www.weltraum-fun.de/broschueren/lichtphaenomene/dispersion.gif

1 das optisch dichtere Medium gegenüber dem Material des Prismas ist. Nachdem der

Strahl im Prisma angelangt ist, verläuft dieser geradlinig weiter bis zur nächsten Kante des Prismas. Hier wird der Lichtstrahl vom Lot weggebrochen, da nun der Übergang zwischen den Beiden Medien umgekehrt stattfindet. Der Strahl verläuft vom optisch dichteren Medium zum dünneren. Durch die unterschiedlichen Wellenlängen der Farben im weißen Licht, werden diese in verschiedenen Winkeln gebrochen. Für die Dispersion gelten, je kürzer die Wellenlängen, desto größer ist n an der Luft und die Brechung des Lichtstrahls ist stärker. Die doppelte Brechung bringt die unterschiedlichen Farben deutlicher hervor. Im Durchblick durch das Prisma entstehen somit Kantenspektren.

Der Weg, den das Licht von einem Punkt zu einem anderen einschlägt, ist stets derjenige, bei dem die dafür benötigte Zeitspanne minimal ist (Fermat'sche Prinzip). Nach Tipler und Mosca, gilt für die Zeit x, denn das Licht für eine beliebige Strecke braucht dt/dx = 0. Der Weg, den das Licht nimmt, ist aber nicht immer der Kürzeste, sondern der, der am wenigsten Zeit zum Durchlaufen braucht. Dies ist zu unterscheiden. Durch Brechung und Reflexion an Medien mit unterschiedlichen Brechungszahlen, nehmen die Lichtbündel auch längere Wege, bis sie am Ziel eintreffen.

In Bezug auf den Spiegel, wird das Licht reflektiert, da es sich hier um kein durchsichtiges Medium handelt. Von einem Gegenstand G, der vor dem Spiegel steht, gehen Lichtstrahlen aus und werden auf der glatten Spiegeloberfläche reflektiert. Gemäß des Reflexionsgesetzes ist der Einfallswinkel gleich dem Ausfallswinkel.

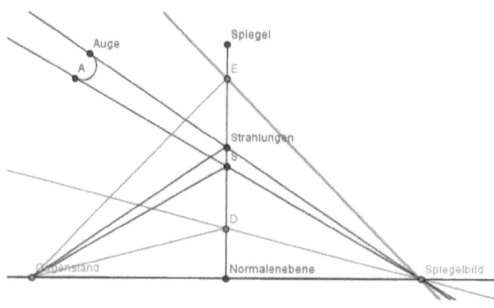

Abbildung 12: Reflexion am Spiegel, erstellt mit GeoGebra

Reflexionsgesetz: Einfallswinkel = Ausfallswinkel

Die Strahlen, deren Ausfallswinkel auf das Auge treffen, werden vom Auge wahrgenommen. Die restlichen Strahlenbündel werden auch reflektiert, aber nicht vom

Auge wahrgenommen, da diese andere Winkel haben. Diese wiederrum, können von anderen Personen an der richtigen Position wahrgenommen werden. Wenn man nun die reflektierte Strahlung gerade durch den Spiegel verlängert, erhält man einen Punkt auf der Normalenebene zur Spiegelfläche. Dieser Punkt ist der Bildpunkt. Der Bildpunkt ist das gespiegelte vom Gegenstand, was das Auge sieht. Der Bildpunkt und der Gegenstand liegen auf derselben Ebene und im gleichen Abstand zur Spiegelfläche. Das Auge sieht somit ein virtuelles Bild vom Gegenstand und nicht den echten Gegenstand selbst. Dieses virtuelle Bild ist das Spiegelbild des Gegenstandes und ist symmetrisch zu diesem. Diese Art von Reflexion an einer glatten Oberfläche heißt Spiegelreflexion oder auch reguläre Reflexion. Außerdem gibt es auch die diffuse Reflexion. Diese Reflexion kommt auf rauen Oberflächen zustande.

2.3.4 Das Auge

Das Auge ist ein Teil von uns und ist eines der wichtigsten optischen Systeme. Die Lichtstrahlen werden vom Auge wahrgenommen. Das Auge ist ein sehr komplexes System und arbeitet mit dem Gehirn zusammen. Die aufgenommenen Lichtstrahlen werden umgewandelt und an das Gehirn weiter geleitet. Diese Informationen des Auges wird anschließend im Gehirn weiter verarbeitet. Das Auge besteht aus mehreren Bestandteilen, wie in nebenstehender Abbildung dargestellt. Alle dieser Bestandteile haben eine wichtige Funktion. Das Licht fällt auf die Hornhaut und gelangt dann durch die Öffnung des Auges, der Pupille, an die Linse.

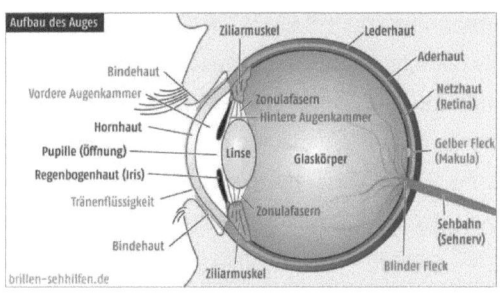

Abbildung 13: Das Auge und die Bestandteile, http://www.brillen-sehhilfen.de/auge/

Pupille, an die Linse. Die Rundung des Auges wirkt wie eine konvexe Linse, wodurch das Licht stark gebrochen wird. Das Licht gelangt durch den Glaskörper und wird auf die Netzhaut fokussiert. Die Netzhaut ist eine dünne Schicht und besteht aus lichtempfindlichen Nervenzellen. Es gibt zwei Arten von Sinneszellen. Die Sinneszellen sind für die Umwandelung des Lichtes in einen elektrischen Impuls verantwortlich. Die ersten Zellen, die Stäbchen, sind für das Hell-Dunkel-Sehen verantwortlich und daher in der Dunkelheit aktiv. Die Zapfen sind für das Farben-Sehen verantwortlich. Im gelben Fleck, auch Makula genannt, erreicht die Dichte der farbempfindlichen Sinneszellen die größte Dichte. Das Licht wird stets an diesen Punkt fokussiert. Das wir Fernes, als auch Nahes, sehr gut sehen können, liegt an der Akkommodation des Auges. Akkommodation ist in diesem Fall die Anpassung des Auges an die äußeren Begebenheiten. Die Form der Linse wird durch den Ziliarmuskel verändert. Dieser Muskel entspannt sich, wenn das Auge auf weit entfernte Gegenstände fokussiert wird. Bei nahliegenden Gegenständen krümmt sich der Muskel, sodass die Brennweite des Auges verringert wird. Das Bild, welches auf der Netzhaut abgebildet ist, steht eigentlich auf dem Kopf, aber die Information werden im Gehirn so verarbeitet, dass wir das Bild aufrecht wahrnehmen.

2.3.5 Verschiedene Spiegel

Wie schon in Kapitel 2.1 erwähnt, gibt es mehrere Spiegelformen. Bis jetzt wurde ausschließlich auf Planspiegel, die übliche flache Spiegeloberfläche, Bezug genommen. Es gibt aber auch konkave und konvexe Spiegel.

Konkave Spiegel werden auch Hohlspiegel genannt. Sie sind nach innen gewölbt und vergrößern das Spiegelbild. Daher kennt man diese Spiegel im Alltag eher aus der Kosmetik. Konkave Spiegel unterscheidet man zwischen sphärischen Spiegeln oder Parabolspiegeln. Die Spiegel, die einer Halbkugel ähneln werden auf Grund der Form sphärische Spiegel bezeichnet. Bei diesen Spiegeln verläuft die Reflexion anders als bei Planspiegeln. Wie wir bereits wissen, werden bei Planspiegeln Strahlen, die von Gegenständen ausgebreitet werden, an der Spiegelfläche reflektiert und vom Auge wahrgenommen. Bei konkaven Spiegeln werden die Lichtbündel so reflektiert, dass sie sich in einem Punkt vor dem Spiegel schneiden. Dieser Punkt ist das Spiegelbild und wird reelles Bild genannt, da von diesem Punkt aus Lichtstrahlen verteilt werden. Die Lichtbündel, die von diesem Punkt ausgehen und im Bereich des Auges landen, werden als Spiegelbild vom Menschen wahrgenommen.

Allerdings taucht bei konkaven Spiegeln das Problem der sphärischen Aberration auf. Sphärische Spiegel lenken an den Rändern die Lichtbündel zu stark ab. Die Brennweite für die Randstrahlen ist kleiner als die, für die zur Achse, fast parallel laufenden Strahlen. Die zur Achse fast parallel laufenden Strahlen, nennt man achsennahe Strahlen. Die achsennahen Strahlen verlaufen im Brennpunkt zusammen und die restlichen Strahlen treffen nicht exakt auf diesen Punkt, sodass die Bildschärfe reduziert wird. In dem Brennpunkt versammeln sich alle Strahlen die zur optischen Achse parallel verlaufen. Durch abblenden der Ränder kann man verhindern, dass die Randstrahlen auf dem Bild landen und diese unscharf machen.

Bei konkaven Spiegeln ist durch die unebene Oberfläche wichtig, die richtige Position zu finden. Wenn man etwas weiter weg von der richtigen Position ist, werden die Lichtbündel so reflektiert, dass der Brennpunkt verschoben wird und das Spiegelbild auf dem Kopf steht. Dies kann man zum Beispiel auch an einem Löffel sehen, da die innere Fläche eines Löffels fast konkav ist.

Das Bild eines sphärischen Spiegels lässt sich einfach durch drei Strahlen

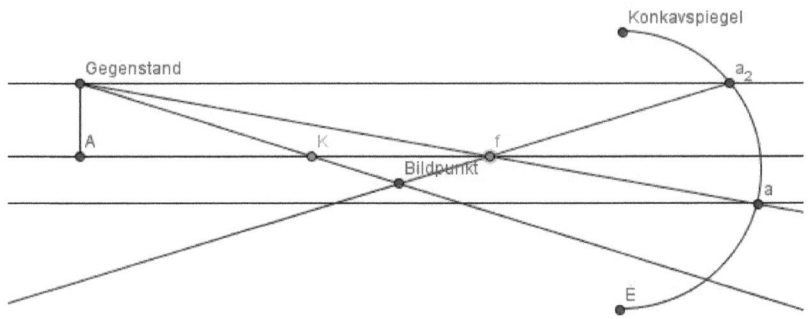

Abbildung 14: Spiegelung an einem Konkavspiegel, erstellt mit GeoGebra

konstruieren. Der erste Strahl ist die achsenparallele. Dieser wird vom Spiegel in den Brennpunkt reflektiert. Der zweite Strahl ist der Brennpunktstrahl, welches durch den Brennpunkt verläuft und an der Spiegeloberfläche zur optischen Achse parallel reflektiert wird. Der Mittelpunktstrahl geht durch den Krümmungsmittelpunkt des Spiegels. Dieser trifft im 90° Winkel auf den Spiegel, sodass er in sich selbst reflektiert wird. Mit diesen drei Hauptstrahlen lässt sich das Spiegelbild eines Gegenstandes an einem sphärischen Spiegel, unabhängig von der Position, konstruieren. Die unterschiedliche Lage und Größe des Gegenstandes führt zu verschiedenen Spiegelbildern. Spiegelbilder können beispielsweise reell oder virtuell sein. Reelle Bilder sind wirklich vorhanden und sind abbildbar. Die Lichtstrahlen, die an einer Oberfläche reflektiert werden und sich in diesem Bildpunkt versammeln, gehen auch von diesem Punkt, wieder auseinander. Reelle Bilder kennt man beispielsweise aus Projektionen, die Lichtbündel zunächst im Brennpunkt versammeln und anschließend als vergrößertes Bild, an einer weißen Wand darstellen. Virtuelle Bilder sind nicht abbildbar. Die Lichtbündel, die reflektiert werden können nicht an einer Leinwand abgebildet werden. Spiegelbilder beispielsweise, sind nicht abbildbar und somit virtuell. Virtuelle Bilder kommen dann zustande, wenn das Objekt sich zwischen dem Brennpunkt und dem Spiegel befindet.

Das Verhältnis der Abstände vom Gegenstandspunkt und Bildpunkt zum Spiegel, lässt sich durch die Abbildungsgleichung für sphärische Spiegel bestimmen.

Abbildungsgleichung für sphärische Spiegel: $\frac{1}{g} + \frac{1}{b} = \frac{1}{f}$

Die Gegenstandsweite g, ist der Abstand zwischen dem Gegenstand und dem Spiegel. Die Bildweite b ist der Abstand zwischen dem Spiegel und dem Spiegelbild. Der Abstand von dem Spiegel bis zum Brennpunkt heißt Brennweite b und ist abhängig von der Krümmung des Spiegels. Die Brennweite ist halb so groß wie sein Krümmungsradius. Daher gilt auch $f = \frac{1}{2}r \Leftrightarrow r = 2f$. Durch das Verhältnis der Gegenstandshöhe zur Bild Höhe, lässt sich die Vergrößerung des Spiegelbildes berechnen, $V = \frac{B}{G}$ oder auch mit $V = -\frac{b}{g}$, welches aus der Abbildungsgleichung folgt.

Konvexspiegel werden auch Wölbspiegel genannt und man kennt diese aus dem Straßenverkehr oder auch aus Einkaufzentren. Diese Spiegel vergrößern den Blickwinkel, sodass man im Verkehr beispielsweise in unübersehbaren Ecken mehr Übersicht hat. Bei einem Konvexspiegel entsteht ein virtuelles Bild.

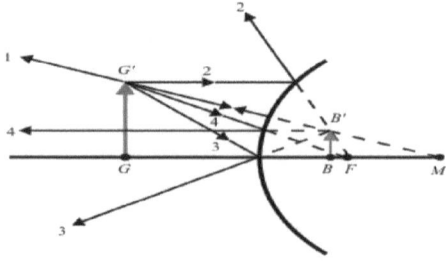

Abbildung 14: Konkavspiegel
http://www.chemgapedia.de/vsengine/vlu/vsc/de/ph/14/ep/einfuehrung/geooptik/reflexion2.vlu/Page/vsc/de/ph/14/ep/e infuehrung/geooptik/reflexionsgesetz_gekruemmt3.vscml.html

Die Abbildungsgleichung gilt auch für Konvexspiegel, sowie die Gleichung r = 2f des Krümmungsradius. Zu beachten ist jedoch, dass der Brennpunkt bei konvexen Spiegeln hinter dem Spiegel steht und der Brennpunkt somit negativ ist. Zur Konstruktion eines konvexen Spiegelbildes sind vier Strahlen ausreichend (Abbildung 14). Zur Konstruktion, beachtet man den Strahlenweg, auch durch den Spiegel hindurch. Der erste Strahl verläuft durch den Mittelkrümmungspunkt. Dieser wird an der der Spiegeloberfläche senkrecht reflektiert, sodass der Strahl in sich selbst reflektiert wird. Strahl 2 verläuft parallel zur Achse und wird so reflektiert, dass der strahlenweg hinterm Spiegel durch den Brennpunkt verläuft. Der dritte Strahl wird am Schnittpunkt der optischen Achse mit dem Spiegel reflektiert. Die durchgezogene Linie dieses Strahls, geht durch den Schnittpunkt der beiden anderen Strahlen, hinter dem Spiegel. Der Letzte Lichtstrahl verläuft auch durch den Brennpunkt und wird achsenparallel reflektiert. Es entsteht letztendlich ein virtuelles und aufrechtes Bild. Das Spiegelbild ist verkleinert, sodass ein größeres Blickfeld entsteht.

2.4   Vergleich

Die Mathematik und Physik sind nicht von Grund auf verschieden. In beiden Gebieten werden Vorkommisse rechnerisch und auch sachlich erklärt. Beide Wissenschaften profitieren voneinander. Beide definieren ihre Erkenntnisse und verwenden Formeln für die Gesetzmäßigkeiten oder Definition, um diese kürzer vermitteln zu können und den weiteren Umgang mit diesen Formeln zu erleichtern. Dennoch werden einige Themen in diesen beiden Wissenschaften unterschiedlich aufgefasst, unter anderem die Spiegelung.

Die Spiegelung ist ein Themengebiet welches uns aus dem Alltag bekannt ist. Es gibt mehrere Formen von Spiegeln und für unterschiedliche Situationen zu gebrauchen. Wir wissen, dass der Spiegel nicht, wie weitläufig bekannt, rechts und links vertauscht, sondern vorne und hinten, wodurch diese optische Täuschung zustande kommt. In der Mathematik und Physik lässt sich diese Erscheinung durch die Symmetrieeigenschaft erklären, denn Spiegelbilder sind symmetrisch zum gespiegelten Bild.

Das Thema Spiegelung wird in der Mathematik geometrisch bewiesen. Da die Mathematik eine Geisteswissenschaft ist, bezieht sie sich beim Beweisen von Begebenheiten nicht auf die Ereignisse in der Natur, wie es in der Physik der Fall ist. Im Folgenden wird zunächst die Spiegelung in beiden Fächern kurz zusammengefasst, um die Unterschiede und Gemeinsamkeiten der Spiegelung in den beiden Fächern genauer zu erläutern.

Die Spiegelung in der Mathematik, bezieht sich hauptsächlich auf Spiegelungen von Punkten und Geraden im Koordinatensystem. Hierbei ist die Lagebeziehung der einzelnen Punkte und Geraden zueinander sehr wichtig, um dadurch die Symmetrieeigenschaften einer Spiegelung deutlich darzustellen. Eine Figur die gespiegelt werden soll, nennt sich Fixfigur. Das Spiegelbild dieser Figur kommt durch Achsenspiegelung, Punktspiegelung oder Ebenenspiegelung zustande. Sie ist identisch mit der Fixfigur und ist somit kongruent zu dieser. Auf Grund dieser Eigenschaft, lässt sich durch Spiegelung des Spiegelbildes, erneut die Fixfigur darstellen. In der Mathematik wird die Spiegelung eher als Verschiebung oder Bewegung der Fixfigur aufgefasst. Dadurch ist es logischer nachzuvollziehen, dass diese Figuren identisch zueinander sind, da diese ja nicht verändert werden. Im

Allgemeinen lässt sich sagen, dass es in der Mathematik nicht in erster Linie um den Spiegel selbst geht. Die Spiegelung wird als Konstruktion betrachtet. Eine Konstruktion aus Punkten und geraden.

In der Physik hingegen werden Phänomene mit Hilfe von Experimenten vorgestellt. Die Beweise sind mechanisch oder technisch und dadurch greifbar. In der Physik wird der Spiegel eher als Gegenstand aufgefasst, wodurch dies in der Mathematik gar nicht der Fall ist. Die Konstruktion des Spiegelbilds, ist auf den Spiegel und das Spiegelbild bezogen und nicht auf ausschließlich Punkte und Geraden. Die Physik beschäftigt sich eher mit den Fragen: Was sehe ich in dem Spiegel und wo befindet sich das Gesehene? Und dementsprechend werden Konstruktionsbeschreibungen und Formeln aufgestellt, um zum Beispiel, den Abstand des Spiegelbildes zum Spiegel zu bestimmen. Da die Spiegelung durch Reflexion zustande kommt, wird auch hierauf Bezug genommen und dadurch wiederum, auf Lichtspektren. Diese Lichtspektren verteilen sich unterschiedlich bei verschieden Spiegelarten. Es gibt konkave, konvexe und plane Spiegel, die unterschiedliche Funktionen haben. Die reflektierten Lichtstrahlen treffen sich im Brennpunkt, wo dann auch das Spiegelbild für das menschliche Auge zu erkennen ist. Die Physik unterscheidet zwischen reellen und virtuellen Spiegelbildern.

Der Unterschied zwischen den beiden Fächern ist, dass in der Mathematik auf Bewegung von Punkten und Geraden Bezug genommen wird und in der Physik, auf Reflexion der Lichtstrahlen an einem Spiegel. Die beiden Wissenschaften, bestätigen im Grunde genommen ihre Erkenntnisse hinsichtlich der Spiegelung. In beiden Fällen geht es um Symmetrie und die Kongruenz des Bildes zum Spiegelbild. Durch die beiden Fächer lässt sich in beiden Fällen sagen, dass die Spiegelbilder identisch zu ihrem gespiegelten Bild sind. Man kann sich, insbesondere bei Planspiegeln, die Spiegelung durch die Achsenspiegelung erklären. Allerdings gibt es Probleme bei Konkav- oder Konvexspiegeln. Die Beschreibung der Spiegelung in der Mathematik, bezieht sich ausschließlich auf die Ebene Spiegelung. Die Spiegelachse ist stets eben. In der Physik ist die Spiegelfläche bei den beiden Spiegeln verbogen, wodurch die Spiegelbilder vergrößert oder verkleinert dargestellt werden. Diese Art von Spiegelbild, könnte man auch mathematisch konstruieren, jedoch wäre dann die Spiegelung nicht mehr involutorisch und aufeinander abbildbar.

Zusammenfassend lässt sich sagen, dass die Spiegelung in der Mathematik und Physik unterschiedlich in der   Betrachtungsweise des Themas sind und diese unterschiedlich darstellt. Begriffe, wie Reflexion und Licht tauchen in der mathematischen Ansicht, gar nicht auf. In der Physik ist der Spiegel als Gegenstand stets vorhanden und in der Mathematik wird diese durch die Achse ersetzt. Aber die mathematischen Begriffe werden auch in der Physik übernommen und manche werden nur anders benannt, wie beispielsweise Spiegelachse als Spiegelfläche. Dass die physikalische Beschreibung mehr Gemeinsamkeiten mit der mathematischen hat, als umgekehrt, liegt daran, dass sich die Mathematik hauptsächlich auf den Hintergrund des Geschehens konzentriert und das sachliche Geschehen außer Betracht lässt. Die Physik jedoch, erklärt zunächst das sachliche Geschehen mit handfesten beweisen und verwendet anschließend, die geometrischen und formellen Erklärungen zur deutlicheren Vorstellung des Phänomens. Laut Weber ist die Physik deduktiv und schließt somit von einzelnen Beobachtungen auf das Allgemeine. Die Mathematik dient nur als Hilfsmittel für die physikalischen Beweise.

3 Schluss

Spiegelungen sind uns aus dem Alltag bekannt. Ausschließlich als gespiegelte Bilder von uns oder Gegenständen. Spiegelbilder sind nicht nur in Spiegeln zu sehen, sondern auch in Fensterscheiben, Bildschirmen, Pfützen und vielem mehr. Die Physik und Mathematik sind uns bekannte Wissenschaften, die Begebenheiten und Phänomene auf der Welt erforschen und hinterfragen. Zu einer dieser Begebenheiten gehört die Spiegelung und diese habe ich in dieser Thesis, Mithilfe der Mathematik und Physik genauer erläutert. Die physikalische und mathematische Betrachtung dieses Themengebietes ist im Grunde genommen, unterschiedlich. Allerdings wenn man auf den Hintergrund, also die Erklärung, des Spiegelungsphänomenes schaut erkennt man auch Gemeinsamkeiten. Beide Wissenschaften unterstützen sich gegenseitig in ihren wissenschaftlichen Beweisen und befürworten mit ihrer eigenen Art und Weise, Geschehnisse zu erläutern, des jeweils anderen Faches. Wenn ich Bezug auf meine Anfangs gestellten Fragen nehme, so kann ich diese nun wie folgt beantworten:

1)Worin genau unterscheidet sich die Spiegelung in der Mathematik und in der Physik?

Der Unterschied der Spiegelung in der Mathematik und Physik wird im Kapitel 2.4 näher erläutert. Die Mathematik bezieht sich in der Beschreibung der Spiegelung ausschließlich auf das Koordinatensystem und handelt mit diesem. Geeignete Bewegungen von Punkten und Geraden, somit auch Figuren und Körpern, werden als Spieglung dargestellt. Während in der Mathematik die Spiegelung als Konstruktion von Punkten und Geraden vorzustellen sind, nimmt die Physik eher Bezug auf alltägliche Geschehnisse und erklärt somit, die Spiegelung anhand eines Spiegels. In der Physik steht der Spiegel im Mittelpunkt und das Phänomen, wird anhand von Lichtstrahlen und Reflexion erklärt.

2) Wie kommt es dazu, dass man ein bestimmtes Thema, hier: Spiegelung, so unterschiedlich betrachten kann?

Die unterschiedliche Betrachtung liegt daran, dass die Beiden Fächer auch unterschiedlich sind. Die Mathematik ist eine Geisteswissenschaft und die Physik eine

Naturwissenschaft. Ein Glas beispielsweise, kann man auch auf unterschiedliche Art und Weise betrachten. Man kann es als ein Gegenstand betrachten und ihre Funktion für den Menschen hervorheben oder man schaut detaillierter darauf und beschreibt die Herstellung und dessen Bestandteile. Genauso ist es auch mit der Spiegelung. Die Physik beschreibt das Ganze naturwissenschaftlich und die Mathematik geht detaillierter in das Thema ein und beschreibt das, was für das menschliche Auge nicht erkennbar ist.

4 Literaturverzeichnis

- Schmid, Weber (2005): Verständnis lehren. Handbuch Mathematik der

  gymnasialen Oberstufe. 1.Aufl. Stuttgart

- Franke, Marianne (2007): Didaktik der Geometrie in der Grundschule. 2.Aufl. München: Spektrum.

- Scheid, Harald / Schwarz, Wolfgang (2009): Elemente der Geometrie. 4. Aufl. Heidelberg: Spektrum

- Botsch, Otto (1978): Ebene Geometrie. 1. Aufl. Wiesbaden: Verlag Moritz Diesterweg

- Schmidt, Veit Georg (1983): Der Begriffsbildungsprozess im Geometrieunterricht. 11. Reihe. Frankfurt am Main: Verlag Peter Lang GmbH

- Hessenberg, Gerhard (1967): Grundlagen der Geometrie. 2. Aufl. Berlin: Walter de Gruyter & Co

- Postel, Helmut/ Kirsch, Arnhold/ Blum, Werner (1991): Mathematik lehren und lernen. Hannover: Schroedel Schulbuchverlag

- Tipler, Paul A. u. Mosca, Gene (2009): Physik für Wissenschaftler und Ingenieure. 6.Aufl. Heidelberg

  Tipler, Paul A./ Mosca, Gene (1995): Unterricht Physik, Band 1: Optik I. Lichtquellen, Reflexionen. 2.verb. Aufl. Köln: Aulis Verlag Deubner & Co KG

Quellen:

- http://www.scandig.info/Strahlenoptik.html

- http://www.brillen-sehhilfen.de/auge/

5 Anhang

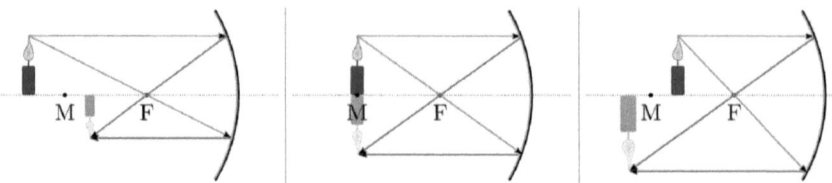

Abbildung 5.1:Reelle Bilder bezogen auf Kapitel 2.3.3

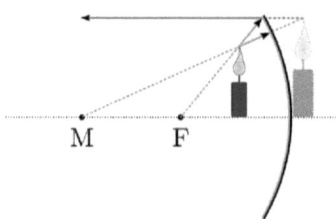

Abbildung 5.2: Reelles Bild bezogen auf Kapitel 2.3.3